L'Artuby

Terre sauvage et préservée du Haut-Var

Rudy Boléat
Artuby – Terre sauvage et préservée du Haut-Var ©

ISBN *9782322239146*
Octobre 2020

À ma sœur

SOMMAIRE

Préface

La pluralité de ma terre a toujours inspiré mon écriture. Bien plus qu'un simple coin de France, la Provence est un art de vivre. Une terre métissée entre littoral et montagnes alpines, qui se découvre et se redécouvre au gré des aventures et des promenades abruptes le long de ses sentiers, de ses routes baignées par l'ardent soleil méditerranéen, et assombries l'hiver au détriment des promeneurs les moins téméraires.

Les coins enclavés, sauvages de Provence se méritent. Ces villages, ces chapelles oubliés, perdus, figés dans le temps, sont de véritables points de repère pour les autochtones et des lieux de découvertes et d'authenticité pour les touristes.

C'est en cela que j'aime profondément l'Artuby. J'apprécie son côté sauvage, impertinent, loin des codes préfabriqués du tourisme de masse et de ses conventions.

Vaste plateau préalpin, l'Artuby est entouré des plus hauts sommets varois : le Mont du Lachens, qui s'élève à 1715 mètres, est le point culminant du département. Certains locaux prétendent qu'en été, par temps clair, on peut y apercevoir les côtes corses. Cette terre agricole et forestière abrupte fut d'ailleurs contournée par Napoléon en 1815 , et depuis juillet 1932 cette route empruntée par l'Empereur, reliant le Golfe de Juan à Grenoble, lui est éponyme.

L'Artuby se répartit en neuf communes et moins de 1600 habitants rassemblés. Des villages ayant chacun une histoire, une identité, et ce malgré leur proximité. Les sentiers de bergers, tortueux et sinueux, et des routes acrobatiques, en sont la jonction.

Comme toutes les communes les plus reculées du Var et des Alpes de Haute-Provence, ces communes ont connu, pendant la période de l'industrialisation française, un exode rural massif ayant un impact considérable sur le dynamisme et la vie quotidienne de ces petites bourgades. Certaines communes, comme Châteauvieux ou Brenon, furent quasiment dépeuplées dans les années 70, mais connaissent aujourd'hui un regain, un nouveau souffle grâce, entre autres, au tourisme vert et à l'artisanat.

Au gré de ces villages, il est possible de découvrir de nombreux monuments et sites remarquables : des églises campagnardes pittoresques et provençales, parfois très isolées, des ponts majestueux surplombant les eaux cristallines de l'Artuby... et bien d'autres trésors !

C'est pour cela que j'ai choisi, à travers ce nouvel ouvrage, de faire découvrir et redécouvrir ce coin perdu et non moins prestigieux du département du Var : l'ARTUBY, et de lui rendre hommage.

Avant-propos

Un deuxième ouvrage est un aboutissement, une prise de confiance et de conscience, une volonté de confirmer une passion auprès des lecteurs : l'écriture.

Après Ma Provence Perdue ,dont le succès a dépassé mon attente, je vous propose une échappée dans un coin particulier de cette Provence qui m'est si chère. Une escapade, en prenant en compte les remarques et avis, bien fondés, soulevés par le premier ouvrage, avec la volonté similaire de toujours traduire au mieux , par le biais de mon écriture, mon attachement pour ma terre natale, ma terre de cœur : la Provence.

« La richesse de l'homme est dans son cœur. On a dû te dire qu'il fallait réussir dans la vie. Moi je te dis qu'il faut vivre, c'est la plus grande réussite du monde. »

Jean Giono.

Présentation générale

Situé aux confins du département du Var, le fleuve de l'Artuby, affluent en rive gauche du Verdon, draine une zone sauvage, préservée et méconnue. La biodiversité de l'Artuby est surprenante, mélange de végétation méditerranéenne et alpine , et de cette végétation particulière des rivières montagnardes.

À quelques pas des imposantes et puissantes gorges du Verdon, les vallons de l'Artuby offrent une sensation de protection et d'intimité.

Les promenades et randonnées s'y déroulent tranquillement, sereinement, pour qui est sensible aux fabuleux paysages et à tous les parfums que dégage cette prestigieuse terre provençale.

Les sommets impressionnants et élevés, les plus élevés du département, veillent sur le massif : la montagne du Brouis, qui domine Bargème, ou encore le Mont du Lachens, point culminant du Var avec ses 1715 mètres d'altitude.

L'Artuby possède également des gorges, moins connues que celles du Verdon qu'elle jouxte, mais douces et lumineuses.

On a souvent à tort dénigré cette partie du Haut-Var, considérée comme pauvre et enclavée, alors que l'Artuby possède de multiples richesses. Outre l'élevage, l'agriculture_ lavande fine, céréales, fruits, amandes..._et le tourisme ont des places prédominantes et capitales pour cet écrin forestier, puisqu' ici la forêt, protégée et préservée, est omniprésente.

Quelques notes d’Histoire

La présence humaine dans le massif de l’Artuby demeure fort ancienne. Plusieurs sites du territoire témoignent d’une occupation datant de l’âge de fer.

Pourtant, cette terre sauvage et abrupte n’a pas toujours été clémente avec ses occupants. En effet, si ce coin du Var est, selon la présence des différents cours d’eau, bien irrigué, il n’a pas toujours été facile pour les habitants de s’approvisionner en or bleu, tant pour l’usage primaire que domestique. De plus, les imposants reliefs de l’Artuby n’ont pas facilité également la tâche de ceux voulant s’y implanter et les nombreux conflits, tels que les guerres de religion ou le passage des Sarrasins, justifient les positions perchées de chacune des bourgades.

L’histoire de l’Artuby fut riche et aléatoire selon chaque commune.

De nombreux moulins hydrauliques (situés sur les fleuves du Jabron et de l’Artuby), des moulins à vent ou des fermes de grande envergure, témoignent du passé dynamique de ce petit coin varois façonné par l'élevage ovin, l'artisanat et l'exploitation agricole,mais aussi par le passage des Templiers, les guerres de religion et l’exode rural.

Aujourd’hui, l’agriculture et l’élevage subsistent dans ce coin sauvage, mais le tourisme a un impact important sur l’activité de Comps et de ses communes voisines. Le massif propose des activités diverses : randonnées, escalade, canyoning ou encore saut à l’élastique effectué sur le plus haut pont d’Europe : le pont de l’Artuby.

Quoi qu’il en soit, cet écrin de verdure renaît peu à peu et parvient aujourd’hui à connaître un nouvel essor, tout en préservant son authenticité.

Cartographie

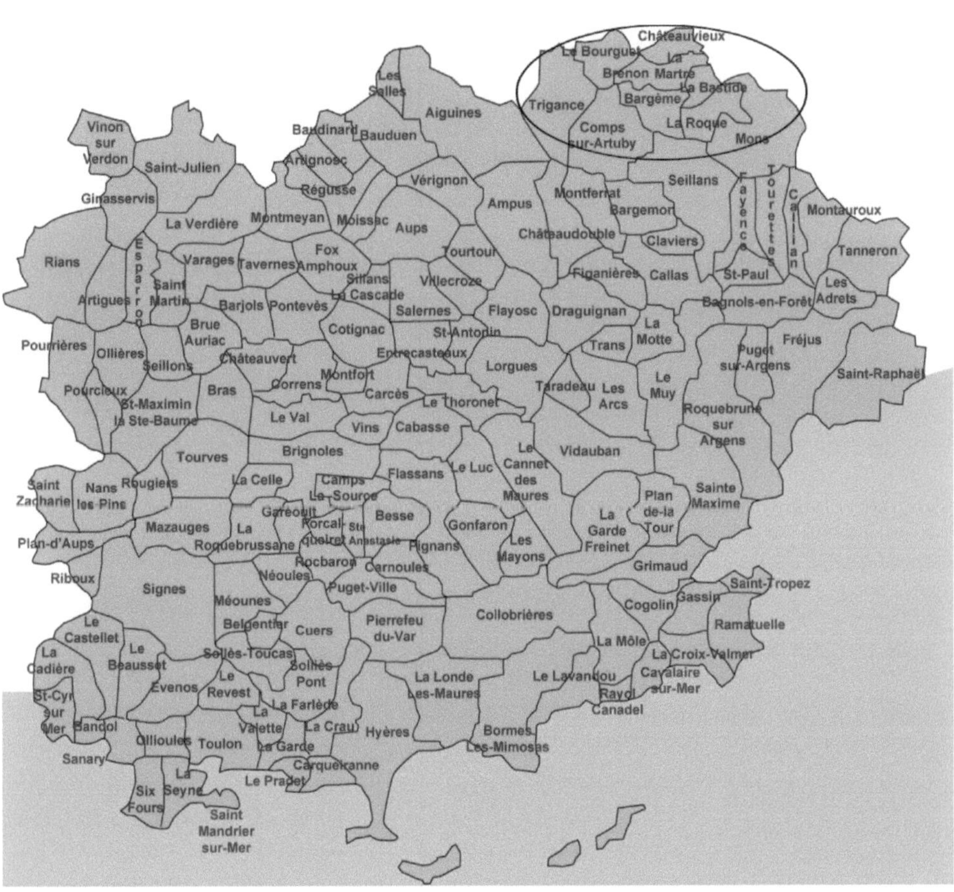

L'Artuby, massif préalpin situé au Nord-Est du Var.

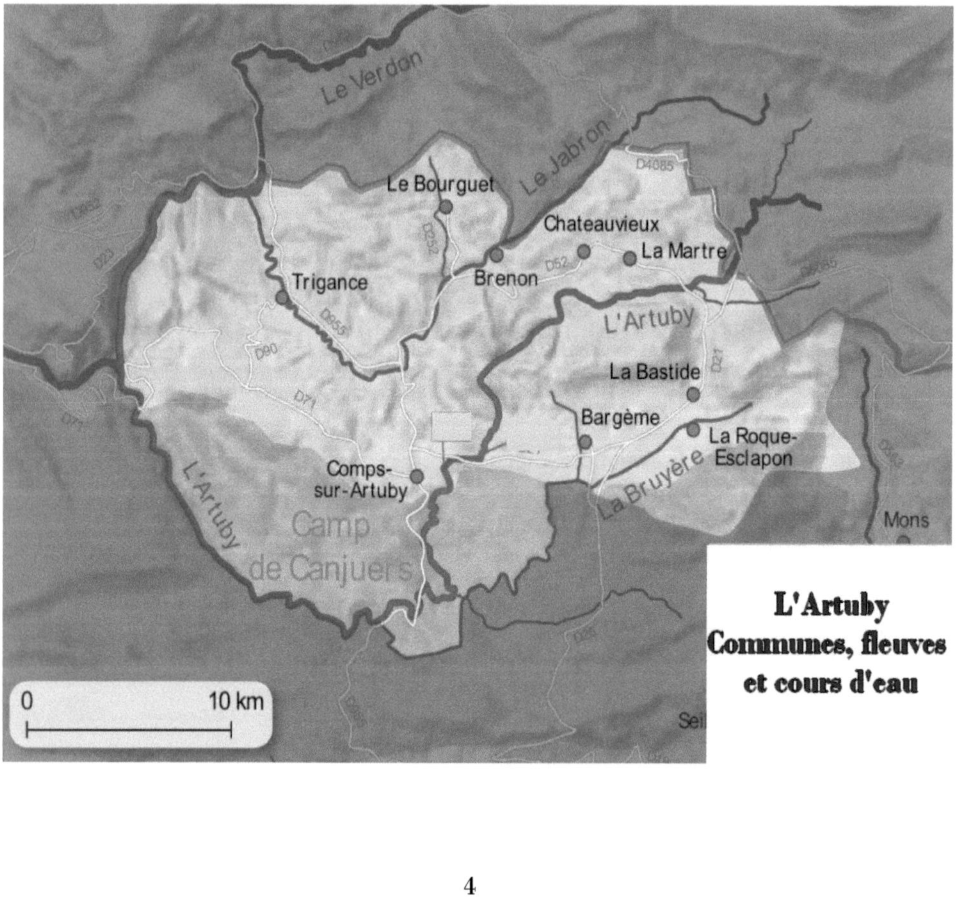

L'Artuby
Communes, fleuves et cours d'eau

L'Artuby, village par village ...

Partez à la découverte des neuf communes composant la partie la plus élevée du Var. Chacune a son histoire, ses particularités ainsi que ses traditions.

Bargème

Pour commencer, une petite commune qui est sans doute une des plus belles de la Haute-Provence, labellisée « Plus beau village de France » ; c'est également le village le plus haut du département du Var. Bargème jouit d'un cachet exceptionnel et séduit de nombreux nouveaux arrivants qui y établissent leur résidence secondaire. C'est également un paradis pour les touristes qui admirent ses vieilles pierres et son charme d'antan en flânant dans ses ruelles tortueuses.

Vue générale du village depuis la route principale d'accès.

Population : 217 habitants
Altitude : 1097 mètres, perché au-dessus des gorges de l'Artuby.

Histoire de la commune

Le site du village fut occupé dès le IIIème siècle avant Jésus-Christ jusqu'à l'époque gallo-romaine. On le cite pour la première fois en 814 dans le cartulaire de Saint-Victor de Marseille.

La puissante famille des Pontevès lie son histoire à la commune.

La fille unique de la famille Foulques, dont le père mourut en 1220, épousa Isnard d'Agoult, fils du baron de Sault, qui lui apporta en dot la seigneurie de Bargème.

Cette seigneurie fut transmise de génération en génération pour finalement revenir au grand sénéchal de Provence et juge : Foulques IV.

En 1356, ce dernier fit hommage de ses terres à la reine Jeanne. Leurs trois enfants furent à l'origine de la transmission des Pontevès. Bargème en est la continuité généalogique.

Par la suite, les habitants durent ériger d'épaisses murailles en pierres de taille dont il subsiste encore aujourd'hui les portes fortifiées.

Au XVIème siècle, alors âgé de 90 ans, Jean-Baptiste de Pontevès, récupéra la seigneurie de Bargème. À la suite de la reprise des guerres de religion, sanglantes dans la région, il fut assassiné , et le château entièrement ruiné et pillé. Le destin tragique s'abattit sur ses trois enfants, assassinés tour à tour, et les tueurs furent condamnés à édifier une chapelle, l'actuelle Notre-Dame des Sept Douleurs menant au château.

Par la suite, les terres bargémoises revinrent à un oncle de la famille, un Foulques, vicomte et marquis par la suite.

Pour finir, en 1818, Victorine de Pontevès-Bargème épousa Louis Zosime de Sabran, dont les descendants possèdent toujours le château.

L'histoire relativement riche et tumultueuse de la commune explique sa richesse patrimoniale ainsi que sa position défensive.

Panorama depuis le village.

→Les lieux à ne pas manquer

- Le château de Pontevès : ses ruines majestueuses, découpées, dominent le village.

- L'enceinte fortifiée : d'anciens remparts du XIIème siècle percés de trois portes fortifiées du XIVème siècle : « La porte de la Garde », « La porte du Levant » et « la porte du château », cette dernière étant munie d'une herse.
- La chapelle Notre-Dame des Sept Douleurs, à l'ouest de l'esplanade du château, et son tableau représentant la Vierge des Sept douleurs.

Les contours des ouvertures de la chapelle Notre-Dame encadrent l'écrin majestueux dans lequel le village est implanté.

- L'église paroissiale Saint-Nicolas : romane, elle domine le village et date probablement du XIIème siècle. Riche en mobilier religieux, elle est inscrite aux monuments historiques depuis 1988.

- La chapelle Saint-Antoine, une des plus anciennes chapelles varoises. Elle date probablement du Xème ou XIème siècle et malgré son aspect austère et relativement simple, elle abrite quelques trésors : restes de fresques religieuses, architecture intérieure particulière.

- La Chapelle Sainte-Pétronille, dédiée à la martyre éponyme du Ier siècle. Située à 2 kilomètres du village.
- La Chapelle Saint-Laurent, située au hameau éponyme. Classée également monument historique depuis 1987.
- Le lavoir.

La Bastide

Sur le territoire de La Bastide culmine le plus haut sommet du Var : le Mont du Lachens, à 1714 mètres d'altitude. Certaines fois, le village est appelé « La Bastide d'Esclapon ». Avec le temps cette petite bourgade est descendue s'installer plus bas, dans la plaine, en délaissant le village initial, jadis établi sur un des versants du Mont-Lachens.

Population : 205 habitants
Altitude : 1025 mètres

Histoire de la commune :

En 1235, La Bastide se nomme « La Bastida de Sclapon » signifiant « La Bastide d'Esclapon ». Elle appartient à ce moment-là aux seigneurs de Castellane. L'ancien village, nommé Castagnier, est établi au XIème siècle sur le versant Sud-Est du Lachens, au pied de son château seigneurial.

On observe également , au lieu-dit « La Madeleine », les ruines d'un château fort qui dominent les vestiges du village fortifié. Cet ensemble fut détruit de manière définitive durant les guerres de religion au XIVème siècle.

Les habitants descendirent alors plus bas, pour s'établir à l'actuel site du village ainsi qu'à la Roque-Esclapon, la commune toute proche.

En 1765, le village comptait 130 habitants.

→Les lieux à ne pas manquer

- L'église Sainte-Madeleine, paroissiale, datant de 1676 et rénovée au XIXème siècle.

- Le château de La Bastide, du XVIIème, gros bâtiment rectangulaire abritant aujourd'hui la mairie.

- L'ensemble féodal de la Madeleine : à l'est, au-dessus de l'actuel village. Ce sont des ruines du château seigneurial et de l'ancien village.
- Lou Caste : logis des chasseurs, décorations rustiques et typiquement provençales.
- Le Mont du Lachens : le plus haut sommet du Var, culminant à 1715 mètres. Connu pour ses plantes médicinales et sa vue panoramique surprenante : par temps clair, il est possible de distinguer plus de 80 communes varoises et les premiers reliefs corses et piémontais.

Le Bourguet

Le « Petit Bourg » porte vraiment bien son nom ! Ce charmant village isolé du Haut-Var en est un des plus petits et des moins peuplés. Il marque la jonction avec le département voisin : les Alpes de Haute-Provence. On retrouve sur la commune des traces de constructions et des vestiges témoignant du passage des Templiers au XIIIème siècle.

Population : 35 habitants
Altitude : 840 mètres

Histoire de la commune :

L'ancien toponyme du village était Bagarry. Le castrum de Bagarris est cité dès le XIème siècle. Ce fief appartenait à la famille Bagarres. L'église paroissiale fut construite au XIIème siècle et citée en 1122 dans le capitulaire de Saint Victor de Marseille.

Au XIIIème siècle, les Templiers traversent le village et y confirment leur influence. Ils s'installent dans la plaine au pied du Mont Bagarry et construisent la chapelle Sainte-Anne.

Par la suite, en 1583, l e vieux village haut fut entièrement détruit pendant les guerres de religion. Le nouveau village s'installa donc sur les rives du Jabron, à proximité de nombreux ruisseaux.

Les lieux à ne pas manquer :

- L'église paroissiale Notre-Dame de l'Assomption, reconstruite en 1697 et surmontée d'un joli campanile en fer forgé.

- L'ensemble du village, avec son château en grosse bastide, qui abrite l'auberge et ses maisons aux petits balcons en pierre.
- La chapelle Sainte-Anne, templière, inscrite au registre des monuments historiques. Elle abriterait un mystérieux trésor en liaison directe avec l'ère templière.

- Le castrum ruiné de Bagarry, à l'ouest du village.
- Le pont des trois évêchés, au dessus du Jabron.

Brenon

Un petit village, microscopique, séparé en deux hameaux : Les Henris et les Aubans, toponymes issus des deux familles composant le village autrefois. L'église paroissiale, rénovée récemment, est un monument remarquable et l'environnement de la commune est particulièrement riche et préservé, les cours d'eau y sont réputés vifs et poissonneux.

Panorama depuis le roc au dessus de l'église paroissiale.

Population : 29 habitants
Altitude : 900 mètres

Histoire de la commune :

La commune est mentionnée pour la première fois au XIème siècle sous le toponyme de Brenonum et compte 13 feux en 1278.

Très hâtivement, les Puget deviennent les seigneurs du lieu dès 1280. Le descendant Jean Puget, anobli par le roi René en 1443, prend en charge la seigneurie de Brenon.

La peste et les guerres de religion font des ravages sur la commune au XIVème siècle et la démographie brenonaise chute considérablement. Il faudra attendre les années 1600 pour que celle-ci se repeuple avant d'être durement frappée,à l'image des communes voisines, par l'exode rural débutant au XIXème siècle.

Une fête patronale , Le Roumeragi, fut pratiquée jusqu'en 1914, mais dut être arrêtée suite à de nombreux débordements. En effet, son principe, typiquement local, consistait à ce qu'un orchestre anime le village, et les hommes de celui-ci, à la fin du spectacle, devaient dérober les instruments de manière théâtrale en employant des bâtons. Bien que le principe fût purement traditionnel et scénique, à plusieurs reprises ce rituel dégénéra et le nombre de blessés et de morts incita la municipalité à mettre un terme définitif à cette tradition.

Les lieux à ne pas manquer :

- L'église paroissiale de la Nativité de la Vierge, à oculus et clocheton double, intrigante par sa posture, reconstruite au XVIIème siècle et rénovée très récemment.

L'église après et avant restauration.

- Les ruines du château, dévasté par un incendie au début du XXème siècle, jouxtant un ancien prieuré dépendant de l'évêché de Frejus, témoigne du passé médiéval de la commune.
- Les ruines des remparts, puisque le village haut était autrefois protégé par des remparts eux-mêmes percés par des portes fortifiées.
- La fontaine des Henry et la fontaine du Gaoubi, deux fontaines massives, anciennes et remarquables.

Fontaine des Henry.

- La chapelle Notre-Dame de la Rouvière et Saint-Joseph : les vestiges de l'ancienne église paroissiale du XIIè siècle sont encore visibles au village bas.

- Le site du Castellas, à 3 kilomètres au sud-est, vestige d'un fort mérovingien, place forte des gorges de l'Artuby.

Châteauvieux

Ce petit village a la particularité d'être divisé en deux parties éloignées de 180 mètres : le village bas, avec son château , et le village haut , avec l'église paroissiale Saint-Maur. Loin des grands axes de circulation, il est l'archétype même des communes de l'Artuby: tranquille, intemporel et placé au coeur de merveilleux paysages provençaux.

Le « village haut ».

Population: 83 habitants
Altitude : 1050 mètres

Histoire de la commune :

La grotte de la fée, située sur le territoire de la commune, atteste, par des trouvailles archéologiques (ossements, tessons), d'une présence humaine depuis l'âge de bronze.

Les Romains s'établirent au sommet de la colline au Vème siècle, mais ce site garde peu de traces de cette période.

Dès le XIème siècle, une abbaye de Villeneuve fut construite sur la commune, rassemblant essentiellement des femmes, et ayant pour abbesses Huguette de Villeneuve et Béatrice de Castellane . Cette abbaye prospéra jusqu'au XIVème siècle , avant d'être détruite par Raymondde Turenne.

Châteauvieux fut, dans un premier temps, rattaché au fief de Castellane puis de Demandolx-La Palud, deux communes situées dans l'actuel département des Alpes de Haute-Provence.

En 1575, le château du village bas fut rasé par les hommes du baron de Vins. Le village haut fut également détruit la même année.

En 1871, le plus bas village construit autour du château, reconstruit sur les bases du premier, comptait 177 habitants.

Les lieux à ne pas manquer :

- L'église paroissiale Saint-Maur, au village haut, de construction basse et élancée : elle est surmontée d'un double clocheton. Sa construction est assez ancienne puisqu'elle fut édifiée entre 1590 et 1615.

- Le château, au village bas, fut reconstruit au XVIIIème siècle sur l'emplacement du premier, détruit en 1575, sous l'ordre d'Hubert de Vins. Il s'agit d'une bastide rectangulaire assez imposante.

- La Chapelle Saint-Pierre en Demueyes, construite en 1615 sur les vestiges de l'ancienne abbaye. À côté de la chapelle se trouve une source miraculeuse et guérisseuse où, selon la légende, déposer une étoffe ou un morceau de vêtement du malade, pourrait le guérir.
- L'oratoire Saint-Joseph : au plus haut village. Cet ouvrage date de 1806.
- Les mines de marcassite et de charbon, ainsi que la terre argileuse réputée pour les poteries locales.

Comps – sur – Artuby

Le chef-lieu de l'Artuby et aussi la commune plus peuplée de ce massif a bien des merveilles à faire découvrir en son territoire, tant naturelles que monumentales. Ce beau village typiquement varois est réputé pour ses panoramas et les différentes activités touristiques qu'il propose. La commune rassemble plusieurs hameaux, dont les deux plus importants sont Jabron (à ne pas confondre avec le fleuve du même nom) et La Souche. De belles fontaines et deux lavoirs jalonnent ce vieux bourg de caractère.

Population : 364 habitants
Altitude : 900 mètres

Histoire de la commune :

Plusieurs découvertes archéologiques témoignent d'une présence sur la commune dès l'âge de fer. Le vieux bourg de Comps sur Artuby est d'abord établi sur les hauteurs de l'actuel village où se trouve l'église Saint-André.

C'est un haut lieu de passage commerçant , où se tiennent beaucoup de marchés réputés dans la région.

Après l'abolition de l'ordre de Malte en 1312, un groupe templier s'y installe, jouissant de bons revenus.

Au début du XVIème siècle, le chevalier Saint-Jean de Jérusalem devint le seul seigneur de Comps. Puis, lors des guerres de succession de la reine Jeanne, les fortifications et les villages furent détruits.

Les habitants s'établirent donc par la suite en contrebas et fondèrent l'actuel village. De nombreux hameaux s'éparpillèrent sur le territoire mais grand nombre d'entre eux furent désertés après la mise en place du camp militaire de Canjuers (St-Bayons, Sauvechane ...). Aujourd'hui, le hameau de Jabron, annexé à Comps et qui a donné son nom à la rivière passant à proximité, est encore habité.

Le village actuel est construit en amphithéâtre, au pied de l'église Saint-André du XIIIème siècle.

Les lieux à ne pas manquer :

- Le monument le plus emblématique de Comps est sans doute l'église Saint-André, construite au XIIIème siècle : c'est une ancienne chapelle des Templiers. Le clocher date du XVème siècle et les cloches des années 1600. Le mobilier intérieur présente des éléments d'exception, notamment trois toiles catholiques de XVIIème et du XVIIIème siècles, des bassins de quête en cuivre. Depuis l'édifice, on bénéficie d'une vue imprenable sur tout l'Artuby.

r-ARTUBY (Var) — Ancienne église des Templiers
(Monument historique)

- L'église Sainte-Philomène, paroissiale, au centre du village.

- La chapelle Saint-Jean, classée monument historique , située à la sortie du village.
- Les fontaines et les lavoirs, au village.

- La chapelle Saint-Didier également classée, à gauche de la route de Castellane.
- La chapelle Notre-Dame ou La Galline Grâce. La tradition compsoise veut que les pèlerins y apportent des volailles en offrande.
- Le pont du XVIIème siècle au hameau de la Souche.

- Jabron : petit hameau au bel ensemble.

La Martre

Petite bourgade à laquelle est rattaché le hameau du Plan d'Anelle. Le toponyme de la commune viendrait du terme « âne », cet animal étant très présent sur le territoire du village. Cette commune renaît l'été avec les établissements de colonies de vacances qui y sont implantés, ainsi que les nombreux hébergements qu'elle offre aux touristes.

Population : 211 habitants
Altitude : 997 mètres

Histoire de la commune :

À l'inverse des autres communes de l'Artuby, le site du village est occupé plus tardivement. Il faut attendre le Xème siècle pour que le seigneur Ugo prenne en charge le territoire, avant que la puissante famille Castellane le récupère au XIIème siècle et le conserve jusqu'au XVIIème siècle.

Le village initial ne fut pas épargné par les guerres de religion. En 1613 le descendant Aymar de Castellane décida de le reconstruire avec son château, plus bas dans la plaine.

Par la suite, le château fut détruit dans un incendie, d'où son nom de Château-Rima signifiant en provençal « Château-brûlé ».

Les lieux à ne pas manquer :

- L'église paroissiale Saint-Blaise, au village, datant de 1620.

- La chapelle Notre-Dame de Petralonga, du Xème siècle, en ruine.
- La château de Taulanne, près du Logis du Pin (camp de vacances), datant de 1769. Bâtisse remarquable.
- Le château Rima : aujourd'hui établissement de colonie de vacances (route de Châteauvieux).
- Le pont de Madame : il enjambe l'Artuby et date de 1735.

- La hameau du Plan d'Anelle et sa chapelle Saint-Joseph.

Entrée du hameau du Plan d'Anelle.

La Roque–Esclapon

Charmant petit village établi aux contreforts de la montagne du Malay, qui culmine à 1427 mètres. En ces terres serpente l'Artuby, au milieu des chênes et des sapins. Les plaines agricoles verdoyantes alternent avec les troupeaux d'élevage.

Population: 276 habitants
Altitude : 960 mètres

Histoire de la commune :

Le territoire de la commune fut occupé dès l'époque gallo-romaine comme en témoignent certains vestiges.

D'abord aux mains du seigneur Hugues d'Esclapon, les hospitaliers, possédant des territoires près de l'ancien castrum, reconstruisirent le village près du primitif. Le village devint le fief de Villeneuve jusqu'au XVIIIème siècle, avant d'être détenu par la seigneurie de l'ordre de Malte.

En 1765, la commune comptait 257 habitants.

Aujourd'hui le village est réputé chez les campeurs et les cueilleurs de champignons.

Les lieux à ne pas manquer :

- L'église paroissiale Sainte Marguerite, qui fut reconstruite en 1860 sur l'emplacement de l'église romane originelle.

- La chapelle Notre-Dame et son calvaire, du XVème siècle : surmonté d'un petit clocher carré, cet édifice date du XVème siècle.
- La chapelle Saint Alexis : située au bas Esclapon
- La chapelle Saint Claude, ancienne chapelle des Pénitents, sur la route de Bargème.
- La chapelle Saint Roch, construite en 1630, après l'épidémie de peste, dévastatrice sur la population de la commune.
- La chapelle du Moutet, remplaçant un ancien monastère.
- Le château de la Lubi, grande bastide du XVIIème siècle.
- Fontaine sur la place du village.

Trigance

Trigance est un élégant village médiéval semi-perché , dominé par son château-forteresse, aujourd'hui établissement hôtelier de luxe. De vieilles ruelles caladées, des passages-voûtes, de vieilles demeures aux pierres épaisses, font de cette bourgade un tableau typiquement provençal.

Population : 173 habitants
Altitude : 800 mètres.

Histoire de la commune :

À 4 kilomètres au-dessus du village se trouve le château de Soleils, où ont été découverts plusieurs vestiges de sépultures datant de l'âge de fer

En 814 Trigance dépendait de l'abbaye de Saint-Victor de Marseille.

Différents seigneurs se succédèrent à partir du XIVème siècle : les Demandolx-La Palud, les Valbelle, les Sainte-Tulle puis les Castellane. En 1630, le village connut une situation catastrophique: tous les habitants moururent de l'épidémie de peste, qui décima une grande partie de l'Artuby.

Les seigneurs firent donc appel à des colons étrangers afin de repeupler partiellement le village. L'activité agricole reprit grâce à ces nouveaux habitants.

Durant la Révolution, le château seigneurial fut en partie détruit et les pierres de l'édifice servirent à reconstruire certaines maisons du village.

<u>Les lieux à ne pas manquer :</u>

- Le château, bel ensemble perché sur le rocher dominant le village. L'intérieur est constitué de grandes salles voûtées du XIVème siècle. Le château offre une vue imprenable sur la village et ses paysages environnants.

- Le village en lui-même a beaucoup de caractère : passages voûtés, rues caladées, maisons-remparts, beffroi carré coiffé d'un campanile...

- L'église paroissiale Saint Michel, agrandie au XVIIème siècle. L'édifice est en pierres blanches calcaires. Le clocher est surmonté de tuiles vernies colorées. Le mobilier intérieur est riche et classé (retable, boiseries...)

- La chapelle Saint Julien : sur la rive gauche du Jabron, mentionnée pour la première fois en 1098.
- La chapelle Saint Roch, à l'entrée du village, construite après

l'épidémie de peste de 1630.

- Le hameau de Saint-Maymes ou Saint-Maimes où se trouve une ferme templière.
- Le joli hameau de Soleils.

L'Artuby,
pas à pas ...

Découvrez l'Artuby à pied, à travers ses sentiers élevés, sinueux et plus ou moins chevronnés.

- 7 promenades et randonnées -

Parcourir l'Artuby à pied est sans doute le meilleur moyen de le découvrir réellement. D'apprécier sa nature sauvage et préservée.

Par chance, le massif compte une multitude de sentiers et de chemins de randonnée praticables en famille, ou réservés aux randonneurs les plus chevronnés. Partir une journée dans l'Artuby, c'est flâner de village en village, s'arrêter dans une petite auberge pour découvrir la gastronomie locale et vivre des moments inoubliables dans un cadre simple, authentique et privilégié. C'est retourner à l'essentiel, à la terre, en jalonnant les routes sinueuses et abruptes de ce petit coin perdu du Haut-Var.

Ce premier itinéraire traverse la forêt de Fayet et relie le chef-lieu de canton de l'Artuby, Comps, à Trigance. La vue est ici dirigée vers la vallée du Jabron, rivière bordée d'une végétation riche et dense : peupliers, saules et noyers. L'activité de l'élevage ovin est de mise, comme en témoigne la production de tomes et fromages de chèvre.

De Comps à Trigance par la forêt de Fayet.
(13 kilomètres)

Temps → 3h30 pour 13 kilomètres.
Difficulté – moyenne, praticable en vélo ou à cheval. Balisage vert et blanc.

Itinéraire :

- Le départ de l'itinéraire est situé à 200 mètres de la sortie du village, sur la D955, en direction de Trigance. On emprunte le chemin du Pontet, que l'on prend à gauche en direction de Trigance pour atteindre Verjon à 2 kilomètres (un kilomètre de chemin revêtu et un kilomètre de chemin carrossable). Sur une partie de son parcours, le chemin longe le canal enterré desservant la fontaine du village de Comps qui était autrefois le seul point d'eau du village.
- À Verjon, un sentier en sous-bois rejoint le hameau de Jabron et le

GR49 à 3,5 kilomètres. Pour aller au hameau de Saint-Maimes, il faut continuer tout droit dans le fond du vallon, en direction de « Trigance par Saint-Maimes ».

- Par la suite, le chemin se rétrécit et devient plus typique et campagnard jusqu'à la route D71, qu'il faut traverser pour suivre le chemin carrossable qui s'avance d'abord au milieu d'anciennes prairies , puis en sous-bois de pins sylvestres et de chênes.
- Au carrefour du chemin de Fayet, à 750 mètres, se trouve une aire de pique-nique.
- Suivre le chemin vers l'Est en direction de Trigance. L'itinéraire commence par une piste forestière carrossable sur 3 kilomètres, avant de devenir sur la gauche un sentier balisé de cairns. Ce sentier retrouve ensuite un chemin carrossable à 300 mètres sur la gauche puis s'élève à droite.
- On chemine par la suite le long de la courbe jusqu'à la plaine de Saint-Maimes, à 2,5 kilomètres, entre chênes blancs et blocs de pierres.
- Une fois à la route D71, s'engager sur un chemin de terre (en suivant toujours le même balisage) qui descend vers la vallée du Jabron et Trigance à 3 kilomètres.
- La dernière partie de la randonnée, sur 750 mètres, s'effectue sur la route goudronnée. On passe ainsi devant la jolie chapelle Saint-Roch, à l'entrée du village de Trigance.

La Rose Trémière est une plante sauvage très répandue dans l'Artuby. Elle orne de façon bucolique les chemins et les ruelles des petits villages.

Brenon et Le Bourguet, les deux minuscules villages varois, au départ de Trigance. (17 km)

Temps → 5h pour 17 kilomètres
Difficulté – moyenne, praticable en vélo ou à cheval. Balisage vert et blanc.

Cet itinéraire parcourt plusieurs forêts domaniales et traverse deux des plus petits villages varois : Brenon, divisé en deux entités peu éloignées et Le Bourguet, le petit Bourg, marquant la jonction avec les Alpes de Haute-Provence.

- Quitter le village de Trigance par le GR49® en se dirigeant vers le gîte de Fontaine Basse, pour suivre la route D955 en enjambant le Jabron par un pont remarquable du XVIIIème siècle. Ensuite un sentier sur la droite, direction Bargème, conduit à la Maison de pays de la Sagne, à 1 kilomètre.
- Traverser la route D955, pour emprunter le chemin goudronné indiquant la direction « Le Bourguet à 7,5 km ».
- Après 500 mètres, suivre la piste en terre à droite qui monte progressivement jusqu'à la forêt domaniale de la Faye, à 3,5 kilomètres.
- Passer le col de Font Fréyère et redescendre dans les prés de la plaine de Saint Pierre 1 kilomètre plus loin, en conservant la direction du Bourguet.

- Traverser la plaine vers l'Est, en poursuivant sur le chemin en terre. Plus loin, une intersection mentionne le lieu dit Saint-Pierre. Ici deux chemins différents peuvent être exploités pour rejoindre le village du Bourguet : le chemin en terre ou la petite route goudronnée.
- En quittant le petit bourg par le Nord, il faut s'engager sur une piste à droite, dont le départ est goudronné et qui indique la direction de « Brenon 8 kilomètres ».
- Continuer sur cette piste pendant 1,5 kilomètre jusqu'au Col du Defens. Suivre ensuite le chemin carrossable à droite qui se prolonge en pente assez raide. Après 500 mètres de pente raide, tourner à droite pour suivre le chemin longeant le ravin de Maurin sur 600 mètres.
- On retrouve ensuite la piste carrossable : tourner à droite le long du torrent d'Eoulx et descendre jusqu'au fleuve Jabron qu'il faut traverser à gué à 1,5 kilomètre.
- Une fois le Jabron enjambé, suivre le chemin carrossable qui descend vers la droite. Après 1 kilomètre prendre le chemin de gauche qui rejoint la D52. Remonter la route à gauche sur 300 mètres jusqu'au premier virage en épingle au lieu-dit Les Clos. Un sentier indique « Brenon 2,5 kilomètres ». En le prenant on aborde le ravin des Fonduas avant de retrouver la route D52.
- On finit par suivre la route sur 450 mètres afin de regagner le village de Brenon.

De Bargème à Comps sur Artuby par le hameau de la Souche. (7 kilomètres)

Temps → 2h pour 7 kilomètres.
Difficulté – moyenne, praticable en vélo ou à cheval. Balisage vert et blanc.

Cette jolie promenade familiale, idéale pour découvrir les fermes typiques de l'Artuby, relie le magnifique village de Bargème à son chef-lieu de canton Comps sur Artuby. Mention spéciale pour le pont du hameau de La Souche, magnifique édifice, probablement ancien lieu de péage, qui date du XVIIème siècle.

- On commence en descendant du village de Bargème. À la deuxième épingle, il faut emprunter le chemin continuant tout droit et indiquant « Comps 7 kilomètres – La Souche ». Ce chemin est l'ancienne route reliant Bargème à Comps.
- Ce chemin, assez droit, mène directement à la Souche en traversant la Ferme de Castagne, puis la Ferme du Haut Don.
- Il faut suivre ensuite la route D21, à droite sur 400 mètres. Franchir le pont et traverser le hameau de La Souche. Le hameau présente un bel ensemble et contient deux jolies fontaines.
- 400 mètres après le hameau, il faut retrouver la D21 sur 400 mètres et emprunter le chemin partant en face vers le Sud. Après avoir longé ce sentier sur 700 mètres en découvrant les abords de

l'Artuby, suivre un petit sentier muletier qui monte à droite et mène jusqu'au village de Comps sur Artuby.

De Châteauvieux à La Martre, promenade sur le chemin de l'Avelanier (4,5 kilomètres)

Temps → 1h30 pour 4,5 kilomètres
Difficulté – facile, praticable en vélo et à cheval. Balisage vert et blanc.

Cette jolie promenade en sous-bois relie le village double de Châteauvieux à sa commune voisine toute proche : La Martre. Cette petite escapade permet d'admirer toutes les collines environnantes et une nature particulièrement préservée.

- On commence par sortir du village bas de Châteauvieux (village double séparé en deux entités : le Village-Bas et le Village-Haut). L'itinéraire débute sur une ascension de 200 mètres qui se poursuit par un chemin plus calme qui se prolonge en forêt.
- Le passage se rétrécit et par la suite longe un ravin, le traverse et amène au sommet de la colline du Défens, à travers les pins , le long d'une pente assez raide.
- En sillonnant la colline, on redescend par la suite vers le ruisseau des Frayères.
- Arrivé à une intersection , on trouve une borne de délimitation communale. Il faut donc prendre à gauche, vers le Nord, pour traverser un ravin. La montée se poursuit 1 kilomètre puis continue tout droit, jusqu'à la route qui se situe à 50 mètres.
- Á 50 mètres, un sentier signale « La Martre par le sentier de

l'Avelanier » : l'emprunter, faire la liaison sur une petite piste d'un kilomètre. On regagne La Martre par la droite.

Ancienne photographie de La Marte. Vue générale du bourg.

Le pont des Passadoires pour relier La Martre et La Bastide (6 kilomètres)

Temps → 2h pour 6 kilomètres.
Difficulté – facile, praticable en vélo ou à cheval. Balisage vert et blanc.

Cette jolie balade est sans grand dénivelé, accessible à tous : elle permet de découvrir la nature luxuriante de l'Artuby ainsi que les nombreux panoramas qu'offre ce massif ,

- Au village de La Martre, prendre la route en haut du bourg, en passant devant l'église et le cimetière, et en descendant vers la salle polyvalente. Par la suite, l'itinéraire monte à gauche après avoir passé le ruisseau de Font Vieille. On traverse ensuite la prairie en montant à gauche.
- Ce chemin finit par rejoindre le hameau du Coulet, petite zone résidentielle , pour descendre par la suite vers la route. Il passe devant l'entrée du Centre de Vacances du Conseil Général du Var et rejoint la départementale.
- Au carrefour, l'itinéraire quitte la route et emprunte le sentier sous les pins. On arrive par la suite au Pont des Passadoires.
- Par la suite, afin de longer les gorges de l'Artuby, il faut opter pour la direction de La Bastide des Combes , Puis ce chemin monte en sous-bois à l'Ubac du Brouis, avec des passages sont assez raides.
- De ce col, il faut emprunter une petite route en fond de vallon afin de se rendre à La Bastide.

Découvrir les villages varois du bout du monde : Brenon – Le Plan d'Anelle – Châteauvieux (6,5 kilomètres)

Temps → 2h30 pour 6,5 kilomètres.
Difficulté – moyenne, praticable en vélo ou à cheval. Balisage vert et blanc.

Joli sentier en sous-bois qui relie ces trois petites communes de l'Artuby : on jouit ici de beaux panoramas sur la vallée et on découvre une curiosité géologique : les Portes de Bargème, rochers façonnés par l'érosion et le temps. Le hameau du Plan d'Anelle est de toute beauté, simple et caractéristique de l'établissement en arrière pays provençal : quelques maisons, une chapelle au milieu de la plaine fertile du Plan.

- Il faut commencer en suivant la route D52 qui quitte le village de Brenon en direction de la commune de Châteauvieux.
- Au lieu-dit Les Combas, un sentier muletier, un peu raide, passe par un sous-bois pour rejoindre un petit col à 800 mètres.
- Rejoindre par la suite le lieu-dit Mauvasque et emprunter le chemin qui descend du sommet du Clare. Il faut ensuite prendre un sentier à gauche indiquant la direction du hameau du Plan d'Anelle. Traverser le hameau.
- En sortant du hameau, au petit carrefour, en suivant toujours le même balisage vert et blanc, il faut emprunter un chemin en terre

vers l'Est indiquant « Châteauvieux-La Martre 4,5 kilomètres ».

- Cet agréable chemin remonte le cours de l'Artuby sur 2 kilomètres jusqu'au lieu-dit Les Mauniers. Une fois au lieu-dit, il faut suivre la petite route carrossable et goudronnée direction Châteauvieux – La Martre et franchir un pont enjambant un cours d'eau, puis la route se prolonge en chemin de terre par la gauche sur 1,5 kilomètre pour au final arriver au village double de Châteauvieux.

En chemin il est aisé de croiser une multitude d'espèces végétales dont le Charbon Cardère, très répandu dans la région. Il offre des couleurs bleutées et violacées à la floraison.

Sur le GR49®- Autour des villages de l'Artuby, découverte de Trigance, Jabron, Bargème et La Bastide. (22 kilomètres)

Temps → 6h pour 22 kilomètres.
Difficulté – moyenne à chevronnée, praticable en vélo ou à cheval.
Balisage rouge et blanc.

Cet itinéraire permet de sillonner les villages perchés de l'Artuby. De beaux petits villages encadrés de paysages variés des hauteurs du Var. Parmi eux, Bargème, un des plus beaux villages de France, surprenant par son site, le charme de son architecture et de ses vieilles pierres.

- Commencer par quitter le village de Trigance par un sentier qui descend vers l'est jusqu'au gîte d'étape de Fontaine Basse. Á proximité se trouve un sentier botanique portant sur les plantes méditerranéennes.
- Suivre la route qui rejoint la D955. Après avoir traversé le Jabron par un joli pont du XVIIIème siècle, prendre le sentier à droite direction Bargème , qui conduit à la Maison du pays de la Sagne (1 kilomètre plus loin) par les rives du Jabron.
- Á 100 mètres avant la Maison du pays de la Sagne, un sentier part sur la droite pour rejoindre la D955 au lieu-dit Le gros Hubac du Defends.

- Traverser la route pour suivre le chemin goudronné en face en direction du hameau de Jabron (annexe de Comps sur Artuby). Puis, en suivant toujours le même balisage, prendre un chemin de terre menant 2 kilomètres plus loin au hameau de Giravail.
- Arrivé à Giravail, passer sur un pont qui enjambe le ruisseau du Lavandou et suivre la route goudronnée sur la droite. 500 mètres plus loin, les balises quittent la route sur la gauche, suivant un chemin d'exploitation plus ou moins carrossable, jusqu'au hameau de Jabron, situé à 2,5 kilomètres.
- Suivre ensuite la D955 sur 500 mètres après avoir traversé le fleuve Jabron par le pont : un sentier sur la droite qui monte en sous-bois la plupart du temps, permet de rejoindre Verjon et le chemin à 3,5 kilomètres balisé en vert et blanc.
- Au hameau de Jabron, il faut reprendre le GR49® en poursuivant sur la route direction le Bourguet, à gauche avant le pont. Dès le premier virage, à 250 mètres, prendre à droite le chemin du Domaine de Cuiros. Cette portion du GR49® est goudronnée et contourne le domaine par une piste qui longe une palissade grillagée sur 3 kilomètres. Le chemin se poursuit en franchissant un pont remarquable et en passant à proximité des ruines du moulin de Bargème, qui permettait aux habitants de moudre leur blé jusqu'au siècle dernier. Une montée rejoint par la suite le hameau de Saint-Laurent à 2 kilomètres.
- Après le hameau, il faut se diriger vers le village de Bargème en empruntant une piste carrossable offrant un panorama magnifique sur la vallée de la Bruyère. Dans le hameau se trouve la chapelle du même nom, monument classé.
- Après le village de Bargème, il faut descendre jusqu'au premier virage en épingle de la route qui descend sous le village , pour emprunter un sentier muletier sur 750 mètres en contrebas à gauche qui rejoint une plaine dite de La Clue. Il faut ensuite longer la vallée jusqu'au hameau de l'Estang.

- Après ce hameau, à 3,5 kilomètres, on suit un ancien chemin, une carraïre, assez irrégulière, sur 1 kilomètre, pour arriver au village de La Bastide.

Ancienne photographie de La Bastide. Vue générale du village.

Glossaire

Armoiries : terme désignant l'ensemble des insignes et des symboles qui désignent une famille noble ou une collectivité territoriale.
Aven : gouffre, faussé naturel creusé par le mouvement des eaux sur un terrain calcaire.
Cartulaire : recueil de chartes contenant la transcription des titres de propriété et privilèges temporels d'une église ou d'un monastère.
Confins : partie d'un territoire située à la frontière ou à l'extrémité.
Fête patronale : ou fête votive organisée par une paroisse afin de célébrer un saint protecteur.
Feu (démographie) : notion utilisée au Moyen-Age pour la fiscalité et la démographie. Ainsi un feu représente environ 5 habitants.
Fief : domaine octroyé à un vassal par un seigneur.
Fortifications : remparts et portes entourant une cité et servant à la protéger.
Herse : grille mobile en fer à fortes pointes pour barrer des portes fortifiées ou des accès à un château fort.
Marcassite : minerai naturel sous forme de sulfure de fer.
Retable : partie postérieure et décorée d'un autel.
Rue caladée : ruelle pavée en escaliers, typiquement provençale.
Tessons : vestiges de poteries anciennes.

Seigneurie : exploitation agricole appartenant à un seigneur, où les paysans nommés les Serfs travaillent pour lui.
Sénéchal : officier du roi.
Sous-bois : végétation poussant sous les bois denses. Le terme désigne une partie de la forêt où pousse ce type de végétation.
Toponyme : nom donné à un lieu, une commune.
Versant : pente d'une montagne ou d'une vallée.

Remerciements

En rédigeant cet ouvrage, j'espère en tout sincérité avoir donné envie à mes lecteurs de découvrir la beauté de l'Artuby.. De se plonger dans ses forêts, ses sentiers tortueux et son atmosphère calme et préservée.

Je tiens à remercier du plus profond de mon cœur toutes les personnes ayant contribué à la composition et à l'élaboration de ce livre :

Ma chère grand-mère paternelle, Suzanne Hézard, qui avec patience et intérêt s'est rendue sur les lieux afin de prendre les photographies et rédiger les itinéraires présentés dans ce livre, et cela toujours avec sourire et bienveillance,

Mais aussi vous, chers lecteurs, qui ont rendu possible ce deuxième projet par votre intérêt et votre enthousiasme suscité par le précédent.

Grâce à vous, cette Provence des sentiers, des coins perdus, est celle de la renaissance, du temps retrouvé.

« Il n'y a pas de Provence. Qui l'aime aime le monde ou n'aime rien. »

Jean Giono

Bibliographie et précisions

- *Le Var des Collines – B.Duplessy, Fraisset, édition Edisud, 2000.*
- *Parc naturel régional du Verdon – B. Lauzon , S.Gioanni , édition ADRI 2002.*

Les sentiers de grande randonnée GR®, décrits dans cet ouvrage, sont l'œuvre de la FFRP (Fédération Française de la Randonnée Pédestre). Les marquages blancs et rouges ainsi que les verts et blancs sont également l'œuvre de la FFRP. *Il est important d'en remercier et d'en apprécier le travail.*

Rudy Boléat
Artuby – Terre sauvage et préservée du Haut-Var ©

ISBN *9782322239146*
Octobre 2020

« Il y a environ une quarantaine d'années, je faisais une longue course à pied, sur des hauteurs absolument inconnues des touristes, dans cette très vieille région des Alpes qui pénètre en Provence. » Jean Giono

« Ma Provence est la Provence de caractère, éloignée des grands axes routiers, du prestige tropézien, mais proche de ses traditions, des chemins tortueux, de la ruralité et ponctuée de promenades et de repas interminables auprès des miens. » R.Boléat

Edition : Books on Demand,
12/14 rond-Point des Champs-Elysées, 75008 Paris
Impression : BoD - Books on Demand, Norderstedt, Allemagne